DINOSAUR

恐龙星球大揭秘

SECRETS

远古巨兽

总策划 邢涛 主编 龚勋

汕頭大學出版社

前言

DINOSAUR

恐龙星球大揭秘

SECRETS

在远古时期，陆地上曾生活着一群神秘的爬行动物，它们或庞大健壮、或娇小敏捷、或凶猛残暴、或温驯善良……统治地球长达1亿多年。它们就是史前霸主——恐龙。恐龙家族的成员非常多，遍布世界各个角落，为生命的历史谱写出一曲辉煌的乐章，以至在亿万年后的今天，仍吸引着无数人去追寻、去探索。

为了让孩子们多熟悉一些恐龙知识，我们精心编写出了这套《恐龙星球大揭秘》。本套书共分五册，分别为《三叠纪迷踪》《侏罗纪之战》《白垩纪争霸》《恐龙大灭绝》《远古巨兽》。在前四册，我们将带你领略不同时期的知名恐龙，了解它们的生存法则。在最后一册，我们将目光凝聚在史前古生物的身上，带你探索这些生活在遥远时代的地球“居民”的生活。书中精美绝伦的图片和简洁明了的文字介绍，将带给你视觉上的冲击，让你近距离了解这些远古生物。

现在，就让我们打开书，开始一场奇妙有趣的探索之旅吧！

目录
CONTENTS

邓氏鱼

海中暴龙

邓氏鱼生活在遥远的泥盆纪时期，它长相凶猛，头部和颈部覆盖着坚硬的“盔甲”，看上去像个推土机。邓氏鱼的咬合力也十分惊人，不费吹灰之力就能捕捉到同时期海洋中的任何生物，因此得到“海中暴龙”这一称号。

没有牙齿也能吃

作为一种肉食性鱼类，邓氏鱼最让人吃惊的是它竟然没有牙齿。不过，这并不影响它吃东西。在邓氏鱼的嘴里，有两条凹凸不平的锐利骨板，它们就像铡刀一样，撕、切任何东西都不在话下。即使是一条厉害的大鲨鱼，碰到邓氏鱼也得束手就擒。

古兽小档案
Behemoths Archives

- **家　族:** 盾皮鱼类
- **时　代:** 泥盆纪晚期
- **身　长:** 6米
- **发现地:** 美国、欧洲、摩洛哥

消化不良

在邓氏鱼的化石周围，古生物学家发现了一些被回吐的、消化到一半的鱼类残骸，还有一些从邓氏鱼胃里反刍出来的，如盾皮鱼类的头甲等难消化的食物残渣。据此，古生物学家猜测，邓氏鱼虽然食欲旺盛，但一直饱受着消化不良的困扰。

长棘龙

背着大帆的掠食者

长棘龙生活在遥远的二叠纪，是盘龙类中的一员。它长有狭长的头部、有力的颌部以及匕首状的牙齿，以攻击大型植食性盘龙类为主，是当时有名的掠食者。

古兽小档案
Behemoths Archives

- **家　族：** 盘龙类
- **时　代：** 二叠纪早期
- **身　长：** 3米
- **发现地：** 德国、美国

yǒu yì si de dà fān
有意思的大帆

cháng jí lóng bèi shang gāo sǒng zhe de fān kàn qi lai xiàng gè jù dà de shàn zi tā
长棘龙背上高耸着的“帆”看起来像个巨大的扇子，它
shì yóu qí jǐ zhuī gǔ shang fù zhe pí mó de jí jí dù yán shēn xíng chéng de gǔ shēng wù xué jiā
是由其脊椎骨上覆着皮膜的棘极度延伸形成的。古生物学家
tuī cè zhè ge fān hěn yǒu kě néng qǐ zhe tiáo jié tǐ wēn de zuò yòng
推测，这个“帆”很有可能起着调节体温的作用。

幻龙

天生的海洋猎手

huàn lóng shì sān dié jì shí qī shēng
幻龙是三叠纪时期生
huó zài hǎi yáng zhōng de yì zhǒng pá xíng dòng
活在海洋中的一种爬行动
wù tā de jǐng bù bǐ jiào cháng nǎo dai
物。它的颈部比较长，脑袋
zé yǒu xiē xiǎo huàn lóng shēn tǐ de hòu bàn
则有些小。幻龙身体的后半
bù fen chéng liú xiàn xíng sì zhī shang zhǎng yǒu jiǎo zhǐ hé
部分呈流线型，四肢上长有脚趾和
pǔ suī rán míng wéi huàn lóng dàn tā bìng bú shì kǒng lóng ér
蹼。虽然名为幻龙，但它并不是恐龙，而
shì míng fù qí shí de hǎi yáng liè shǒu
是名副其实的“海洋猎手”。

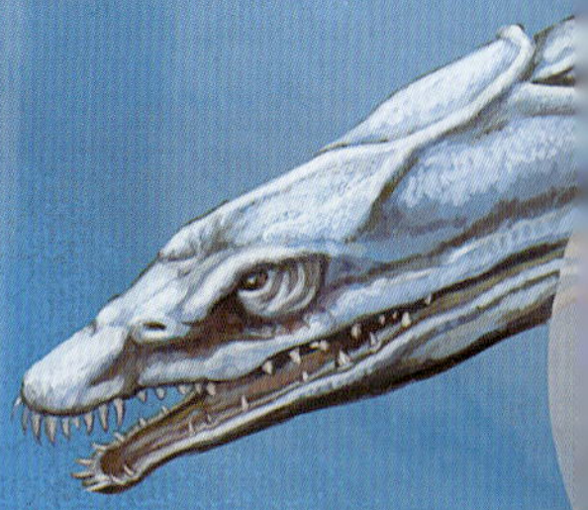

上岸“打喷嚏”

幻龙上岸时，会时不时地从鼻孔中喷出一阵阵水雾，好像“打喷嚏”一样。原来，幻龙在陆地上进食时，所摄入的盐分要比在海中多，这种盐量是它的身体所承受不了的，所以它会通过体内的一个腺体吸收血液中过量的盐分，然后再将这些过量的盐以“打喷嚏”的方式喷射出体外。

xí xìng xiàng hǎi bào
习性像海豹

huàn lóng zài shēng huó xí xìng shang yǔ xiàn zài de hǎi bào yǒu xiē xiàng zài hǎi li bǔ yú
幻龙在生活习性上与现在的海豹有些像，在海里捕鱼
chī zài lù dì shang xiū xi liú xiàn xíng de shēn tǐ shǐ huàn lóng zài shuǐ zhōng huó dòng zì
吃，在陆地上休息。流线型的身体使幻龙在水中活动自
rú huàn lóng shǔ yú fú jī xíng bǔ shí zhě yǐ yú tóu zú dòng wù hé xiǎo xíng pá xíng dòng wù
如。幻龙属于伏击型捕食者，以鱼、头足动物和小型爬行动物
wéi shí
为食。

古兽小档案
Behemoths Archives

- **家　族：** 幻龙类
- **时　代：** 三叠纪
- **身　长：** 1.2～4米
- **发现地：** 欧洲、北非、俄罗斯、中国

jiāo pèi yǔ chǎn luǎn
交配与产卵

gǔ shēng wù xué jiā tuī cè huàn lóng shì zài lù dì shang jìn xíng jiāo pèi hé shēng chǎn de
古生物学家推测，幻龙是在陆地上进行交配和生产的。
dào le chǎn luǎn shí jié cí huàn lóng bì xū xún zhǎo gāo yú cháo shuǐ de lù dì fǒu zé tā
到了产卵时节，雌幻龙必须寻找高于潮水的陆地。否则，它
de luǎn jiù huì bèi yān mò zài hǎi shuǐ zhī zhōng ér xióng huàn lóng hěn kě néng huì xiān dào cí huàn
的卵就会被淹没在海水之中。而雄幻龙很可能会先到雌幻
lóng jì huá chǎn luǎn de mù dì dì fù jìn děng dài bìng zài qiǎn hǎi wān li yǔ cí
龙计划产卵的目的地附近等待，并在浅海湾里与雌
huàn lóng jiāo pèi
幻龙交配。

亚利桑那龙

鳄鱼的近亲

亚利桑那龙的背部长着高高的背帆，看上去和早期的异齿龙很像，不过，它们并没有什么亲缘关系。相反，亚利桑那龙是鳄鱼的“远房亲戚”，但和鳄鱼不同的是，亚利桑那龙行走时不用爬行，而是直立四肢行走。

古兽小档案
Behemoths Archives

- **家　族：** 主龙类
- **时　代：** 三叠纪中期
- **身　长：** 4～5米
- **发现地：** 美国

kǒng bù de ròu shí zhě
恐怖的肉食者

yà lì sāng nà lóng shì dāng shí lù dì shang zuì wéi xiōng měng de ròu shí dòng wù zhī yī
亚利桑那龙是当时陆地上最为凶猛的肉食动物之一，
jīng cháng bǔ zhuō nà xiē xíng dòng chí huǎn de dòng wù yà lì sāng nà lóng de kǒu zhōng bù mǎn le
经常捕捉那些行动迟缓的动物。亚利桑那龙的口中布满了
xiàng cān dāo yí yàng de yá chǐ yí dàn yǒu liè wù luò rù tā de kǒu zhōng tā jiù yí zhèn sī
像餐刀一样的牙齿，一旦有猎物落入它的口中，它就一阵撕
yǎo jué duì bú huì zuǐ xià liú qíng
咬，绝对不会“嘴”下留情。

蛇颈龙

食肉的爬行动物

蛇颈龙是一种大型肉食性爬行动物，因长有一条像蛇一样的脖子而得名。蛇颈龙的头窄窄的，脖子细细的，尾巴短短的，但身躯十分宽大，看上去就好像一条大蛇钻进了乌龟壳里。蛇颈龙长有四个能在水中滑行的鳍状肢，使它既能在水里行动自如，又能到岸上休息、产卵。

cháng bó zi shì hǎo shì huài
长脖子是好是坏

mì shí shí shé jǐng lóng huì gāo gāo de shù qǐ tā de cháng bó zi jiè zhe líng mǐn de xiù
觅食时，蛇颈龙会高高地竖起它的长脖子，借着灵敏的嗅
jué sōu xún shí wù yí dàn fā xiàn yú huò wū zéi shí tā de cháng bó zi jiù huì xiān shēn guo
觉搜寻食物。一旦发现鱼或乌贼时，它的长脖子就会先伸过
qu zài yú huò wū zéi de huāng luàn zhōng màn màn jìn shí bú guò yě zhèng shì yīn wèi shé
去，在鱼或乌贼的慌乱中慢慢进食。不过，也正是因为蛇
jǐng lóng de bó zi tài cháng le suǒ yǐ tā de xíng dòng bú tài líng huó yí dàn yǒu měng shòu
颈龙的脖子太长了，所以它的行动不太灵活。一旦有猛兽
fā dòng tū rán xí jī shé jǐng lóng jiù zài jié nán táo le
发动突然袭击，蛇颈龙就在劫难逃了。

古兽小档案
Behemoths Archives

- **家　族：** 蛇颈龙类
- **时　代：** 侏罗纪早期
- **身　长：** 3～5米
- **发现地：** 不列颠群岛、德国

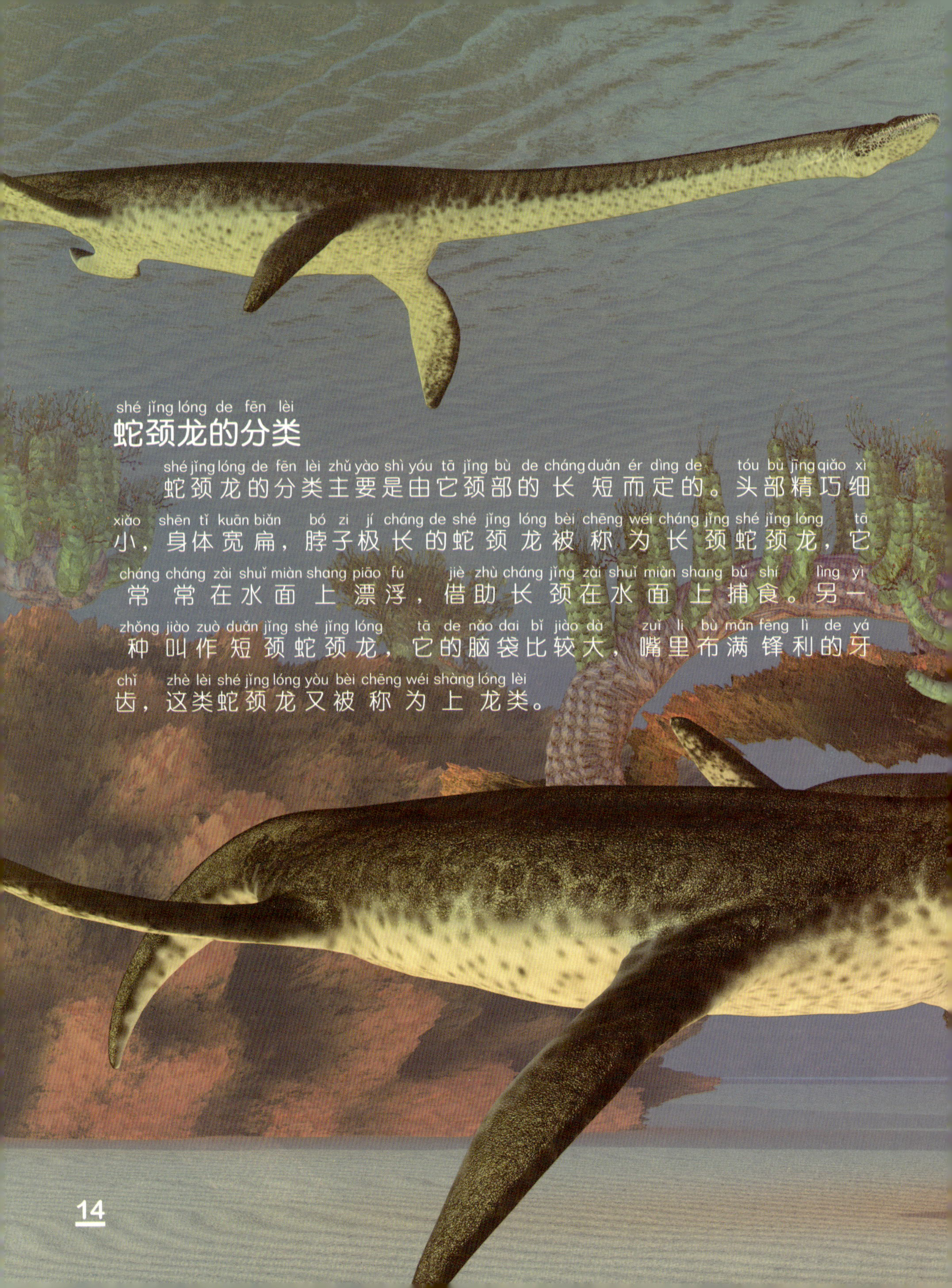

shé jǐng lóng de fēn lèi

蛇颈龙的分类

shé jǐng lóng de fēn lèi zhǔ yào shì yóu tā jǐng bù de cháng duǎn ér dìng de tóu bù jīng qiǎo xì
蛇颈龙的分类主要是由它颈部的长短而定的。头部精巧细
xiǎo shēn tǐ kuān biǎn bó zi jí cháng de shé jǐng lóng bèi chēng wéi cháng jǐng shé jǐng lóng tā
小，身体宽扁，脖子极长的蛇颈龙被称为长颈蛇颈龙，它
cháng cháng zài shuǐ miàn shang piāo fú jiè zhù cháng jǐng zài shuǐ miàn shang bǔ shí lìng yī
常常在水面上漂浮，借助长颈在水面上捕食。另一
zhǒng jiào zuò duǎn jǐng shé jǐng lóng tā de nǎo dai bǐ jiào dà zuǐ li bù mǎn fēng lì de yá
种叫作短颈蛇颈龙，它的脑袋比较大，嘴里布满锋利的牙
chǐ zhè lèi shé jǐng lóng yòu bèi chēng wéi shàng lóng lèi
齿，这类蛇颈龙又被称为上龙类。

尼斯湖水怪

在英格兰高原北部，有一个叫作尼斯湖的地方。据说，这里时时有水怪出没。根据一些目击者的描述，尼斯湖水怪也是长脖子、小脑袋，形象同蛇颈龙极为相似。因此，有人怀疑尼斯湖水怪是存活至今的蛇颈龙。不过，这种看法尚待考证。

滑齿龙

海中大霸王

huá chǐ lóng shì yì zhǒng fēi cháng xiōng měng de hǎi yáng yě
滑齿龙是一种非常凶猛的海洋野
shòu tā de xiù jué shí fēn líng mǐn néng duì hǎi yáng dòng wù
兽。它的嗅觉十分灵敏，能对海洋动物
jìn xíng hěn hǎo de zhuī zōng tā de yá chǐ fēng lì wú bǐ
进行很好的追踪；它的牙齿锋利无比，
néng lìng bù shǎo hǎi yáng shēng wù xīn shēng wèi jù píng jiè zhe
能令不少海洋生物心生畏惧。凭借着
dé tiān dú hòu de yōu shì huá chǐ lóng chéng wéi zhū luó jì hǎi
得天独厚的优势，滑齿龙成为侏罗纪海
yáng zhōng de yí wèi bà wáng
洋中的一位“霸王”。

古兽小档案

Behemoths Archives

- **家　族：** 上龙类
- **时　代：** 侏罗纪中晚期
- **身　长：** 5～7米
- **发现地：** 德国、法国、不列颠群岛、俄罗斯

天生的伪装高手

在生物界，伪装是很多生物的生存法门，滑齿龙也不例外。它的头部颜色较深，但底部颜色发浅，如此一来，其他生物不管是在上方还是在下方，都不容易察觉到滑齿龙的存在。这种天生的伪装术令它在海中可以“大展拳脚”。

大眼鱼龙

比比谁的眼睛大

dà yǎn yú lóng shì yú lóng lèi zhōng bǐ jiào yǐn rén zhù mù de yì zhǒng
大眼鱼龙是鱼龙类中比较引人注目的一种，
zhè zhǒng yú lóng de liǎng zhī yǎn jing yuǎn dà yú qí tā zhǒng lèi de yú lóng shèn
这种鱼龙的两只眼睛远大于其他种类的鱼龙，甚
zhì zài suǒ yǒu shǐ qián dòng wù zhōng dōu shì zuì dà de
至在所有史前动物中都是最大的。

zài shǐ qián gǔ lǎo de hǎi yù li dà yǎn yú lóng chéng
在史前古老的海域里，大眼鱼龙成
qún jié duì de shēng huó zhe bà zhàn zhe yì
群结队地生活着，霸占着一
fāng zhī dì
方之地。

jí fù mèi lì de dà yǎn jing
极富魅力的大眼睛

dà yǎn yú lóng de yǎn jing dà xiǎo yǒu rú pú tao yòu yǎn zhū wài miàn hái bāo guǒ zhe yuán xíng
大眼鱼龙的眼睛大小有如葡萄柚，眼珠外面还包裹着圆形
de gǔ tou zhè yàng de jié gòu shǐ de dà yǎn yú lóng de yǎn jing dé dào le hěn hǎo de bǎo hù jù
的骨头，这样的结构使得大眼鱼龙的眼睛得到了很好的保护。据
gǔ shēng wù xué jiā tuī cè dà yǎn yú lóng de shì lì fēi cháng hǎo jí shǐ zài shēn hǎi nà yàng
古生物学家推测，大眼鱼龙的视力非常好，即使在深海那样
hūn àn de huán jìng zhōng tā yě néng kàn qīng suǒ yào bǔ zhuō de liè wù
昏暗的环境中，它也能看清所要捕捉的猎物。

dà yǎn yú lóng de yá chǐ
大眼鱼龙的牙齿

yǐ qián gǔ shēng wù xué jiā yì zhí wèi dà yǎn yú lóng zuǐ li shì fǒu zhǎng yǒu yá chǐ ér zhēng lùn bù xiū bú guò hòu lái jīng guò duì dà yǎn yú lóng chéng nián gè tǐ de xiáng xì yán jiū fā xiàn tā hé gǔ de chǐ cáo zhōng què shí zhǎng yǒu yì xiē xì xiǎo de yá chǐ zhè xiē yá chǐ yǒu zhù yú tā bǔ zhuō yú lèi ér qí xì cháng de hé bù zé kě yǐ bāng tā yǎo zhù yú lèi hé ruǎn tǐ dòng wù

以前，古生物学家一直为大眼鱼龙嘴里是否长有牙齿而争论不休，不过后来经过对大眼鱼龙成年个体的详细研究发现，它颌骨的齿槽中确实长有一些细小的牙齿。这些牙齿有助于它捕捉鱼类，而其细长的颌部则可以帮它咬住鱼类和软体动物。

yóu yǒng jiàn jiàng
游泳健将

dà yǎn yú lóng de shēn tǐ chéng liú xiàn xíng
大眼鱼龙的身体呈流线型，
wěi qí chéng hǎo kàn de bàn yuè xíng zhǎng de yǒu
尾鳍呈好看的半月形，长得有
diǎn xiàng dà gè tóu de hǎi tún dà yǎn yú lóng zhè
点像大个头的海豚。大眼鱼龙这
yàng de tǐ xíng shǐ de tā yóu yǒng de sù dù fēi
样的体形使得它游泳的速度非
cháng kuài shí sù zhì shǎo kě dá qiān mǐ xiǎo
常快，时速至少可达1千米/小
shí shèn zhì gèng kuài cǐ wài dà yǎn
时，甚至更快。此外，大眼
yú lóng hái liàn yǒu chāo qiáng de
鱼龙还“练”有超强的
bì qì fǎ qián shuǐ wán quán bù
闭气法，潜水完全不
chéng wèn tí
成问题。

古兽小档案
Behemoths Archives

- **家　族：** 鱼龙类
- **时　代：** 侏罗纪晚期
- **身　长：** 5米
- **发现地：** 欧洲、北美洲、阿根廷

危险的繁殖之路

根据对成百上千块大眼鱼龙化石的研究，古生物学家猜测，怀孕的雌性大眼鱼龙会在气候温暖的时候，成群结队地游到浅海区进行繁殖。不少肉食性动物就会借机对大眼鱼龙发动袭击，将它们当成自己的点心。

tāi shēng dòng wù
胎生动物

zài yì xiē dà yǎn yú lóng huà shí de fù zhōng gǔ shēng wù xué jiā fā xiàn le liú cún zhe de yòu
在一些大眼鱼龙化石的腹中，古生物学家发现了留存着的幼
tǐ gǔ tou zhè shuō míng zhè xiē dà yǎn yú lóng kě néng shì zài shēng chǎn de guò chéng zhōng sǐ
体骨头，这说明这些大眼鱼龙可能是在生产的过程中死
qù de zài dà duō shù yǒu yùn de dà yǎn yú lóng biāo běn de fù zhōng zhǐ néng zhǎo dào yì liǎng
去的。在大多数有孕的大眼鱼龙标本的腹中只能找到一两
gè yòu tǐ bú guò yě yǒu duō dá gè yòu tǐ de jì lù zhè xiē dōu zhèng míng le dà yǎn yú
个幼体，不过也有多达11个幼体的记录。这些都证明了大眼鱼
lóng shì tāi shēng de
龙是胎生的。

古兽小档案

Behemoths Archives

- **家　族**: 鸟类
- **时　代**: 侏罗纪晚期
- **身　长**: 0.3米
- **发现地**: 德国

始祖鸟

最早的鸟类

shǐ zǔ niǎo shì yǐ zhī zuì zǎo de niǎo lèi dà xiǎo hé gē zi chà bu
始祖鸟是已知最早的鸟类，大小和鸽子差不
duō shǐ zǔ niǎo bǎo liú zhe xǔ duō pá xíng lèi dòng wù de tè zhēng rú chì
多。始祖鸟保留着许多爬行类动物的特征，如翅
bǎng yǔ hòu zhǐ mò duān dōu shēng yǒu lì zhǎo dàn tā de yǔ máo yòu yǒu chū jí
膀与后趾末端都生有利爪。但它的羽毛又有初级
fēi yǔ cì jí fēi yǔ wěi yǔ yǐ jí fù yǔ de fēn huà zhè xiē yòu
飞羽、次级飞羽、尾羽以及复羽的分化，这些又
shì xiàn shēng niǎo lèi de jī běn tè zhēng
是现生鸟类的基本特征。

shǐ zǔ niǎo de yǔ máo
始祖鸟的羽毛

zài rén men fā xiàn de shǐ zǔ niǎo de huà shí zhōng yě bāo kuò qí yǔ máo de yìn hén huà shí
在人们发现的始祖鸟的化石中，也包括其羽毛的印痕化石，
cóng zhōng wǒ men kě yǐ pàn dìng shǐ zǔ niǎo de chū jí fēi yǔ shì yòng lái fēi xíng de suǒ yǐ
从中，我们可以判定，始祖鸟的初级飞羽是用来飞行的，所以
měi piàn fēi yǔ de yǔ bǐng dōu piān xiàng yì cè ér zhè zhǒng bú duì chèn de yǔ máo zhèng shì fēi
每片飞羽的羽柄都偏向一侧。而这种不对称的羽毛正是飞
xíng suǒ bì xū de
行所必需的。

飞行方式

始祖鸟可以向下拍翅或跃上半空，却不可能飞得又快又远，这是因为它的胸骨太小，无法附着强健的飞翔肌肉。因此，古生物学家猜测，始祖鸟会用爪子爬到树上，再用很微弱的力量飞回地面。

进化的连接带

始祖鸟的喙部长满了弯曲的牙齿，尾部由23节尾椎组成，很像早期的爬行动物。不过，始祖鸟的第三掌骨已与腕骨愈合，第一和第二掌骨则尚未愈合，这又反映了鸟类的掌骨愈合成腕掌骨的开始。因此，始祖鸟在爬行动物和鸟类之间起着连接带的作用。

风神翼龙

大型“滑翔机”

风神翼龙是翼龙家族中最负盛名的成员，也是目前已知的最大的飞行动物。它活跃在恐龙横行的时期，时常以恐龙幼崽或小型恐龙为食。凭借着庞大的身躯，风神翼龙一度成为名副其实的空中霸主。

míng chēng yóu lái
名称由来

fā xiàn fēng shén yì lóng de huà shí hòu gǔ shēng wù xué jiā zài duì qí yán jiū
发现风神翼龙的化石后，古生物学家在对其研究
shí xiǎng dào le shén huà li de yí gè rén wù fēng shén kè shā kuí kè ā tè yú
时想到了神话里的一个人物——风神克沙奎克阿特，于
shì biàn wèi tā qǔ le fēng shén yì lóng zhè ge míng zi kè shā kuí kè ā tè shì
是便为它取了“风神翼龙”这个名字。克沙奎克阿特是
yí wèi zhǎng zhe yǔ máo de shé shén yīn cǐ fēng shén yì lóng yǒu shí yě bèi chēng
一位长着羽毛的蛇神，因此风神翼龙有时也被称
wéi pī yǔ shé yì lóng
为“披羽蛇翼龙”。

fēng shén yì lóng de shēn tǐ tè zhēng
风神翼龙的身体特征

fēng shén yì lóng de zuǐ ba yòu cháng yòu xì huì de qián duān bìng bù jiān ruì bó zi hé
风神翼龙的嘴巴又长又细，喙的前端并不尖锐，脖子和
tuǐ dōu hěn cháng lèi sì yú xiàn zài de hè huò guàn suī rán tǐ xíng páng dà dàn fēng shén
腿都很长，类似于现在的鹤或鹳。虽然体形庞大，但风神
yì lóng de gǔ gé hěn xì qiě shì zhōng kōng de yīn cǐ tǐ zhòng hěn qīng cǐ wài fēng shén
翼龙的骨骼很细，且是中空的，因此体重很轻。此外，风神
yì lóng de shuāng yì shang bìng méi yǒu yǔ máo ér shì shēng yǒu yì céng rèn xìng shí zú de pí
翼龙的双翼上并没有羽毛，而是生有一层韧性十足的皮
mó lèi sì yú xiàn zài biān fú de chì bǎng
膜，类似于现在蝙蝠的翅膀。

古兽小档案
Behemoths Archives

- **家　族:** 翼龙类
- **时　代:** 白垩纪
- **身　长:** 翼展10～11米
- **发现地:** 美国

滑翔大师

风神翼龙对风有着非常强的驾驭能力。起飞时，它会主动寻获时机，等待附近的上升气流。最后，借助上升气流，风神翼龙不断调整着自己的大翅膀，像滑翔机一样开始飞行。

帝鳄

水边的伏击手

帝鳄生活在白垩纪早期，是曾在地球上生活过的体形最大的鳄鱼之一。不仅如此，帝鳄的嗅觉还异常灵敏，即使在水中也能闻到猎物的气味，再加上它那1米多长、布满利齿的巨口，就是一只小型恐龙转瞬间也会成为它的口中之物。

古兽小档案

Behemoths Archives

- **家　族：** 鳄类
- **时　代：** 白垩纪早期
- **身　长：** 12米
- **发现地：** 非洲

隐秘的伏击

帝鳄最擅长潜伏在岸边伏击猎物。它的主要猎物是一些到河边喝水的小型哺乳类动物和中型恐龙。那些动物低下头，全神贯注地喝水时，便是帝鳄发动攻击的最佳时刻。当帝鳄一跃而起，很多动物根本来不及反应，就被帝鳄一口咬住扯入水中，顷刻之间就一命呜呼了。

孔子鸟

中国的原始鸟类

孔子鸟是已知最早的有喙鸟类，于1.25亿年前的白垩纪早期分布于中国东北地区。孔子鸟出现的时间比始祖鸟稍晚，但由于翅膀进化得好，它的飞行能力比始祖鸟要强。

kǒng zǐ niǎo de tè zhēng
孔子鸟的特征

kǒng zǐ niǎo de yá chǐ yǐ jīng wán quán tuì huà jù
孔子鸟的牙齿已经完全退化，具
yǒu le hé xiàn dài niǎo lèi yí yàng de jiǎo zhì huì gōng gǔ jìn
有了和现代鸟类一样的角质喙；肱骨近
duān yǒu yí gè bǐ jiào dà de qì náng kǒng dì yī zhǐ gǔ
端有一个比较大的气囊孔；第一指骨
zhǎo tè bié qiáng dà ér jiān lì dì èr zhǐ gǔ zhǎo chéng
爪特别强大而尖利，第二指骨爪呈
shōu suō zhuàng xiōng gǔ jiào dà chéng piàn zhuàng bìng yǒu
收缩状；胸骨较大，呈片状，并有
yí gè jiào duǎn de hòu cè tū gǔ zhì de wěi zhuī yǐ jīng yù
一个较短的后侧突；骨质的尾椎已经愈
hé wéi yì gēn jiào duǎn de wěi zōng gǔ zhè xiē dōu shì kǒng zǐ niǎo
合为一根较短的尾综骨。这些都是孔子鸟
qū bié yú shǐ zǔ
区别于始祖
niǎo de zhòng yào
鸟的重要
tè zhēng
特征。

kǒng zǐ niǎo de huà shí

孔子鸟的化石

zài duǎn duǎn de jǐ nián jiān gǔ shēng wù xué jiā zài zhōng guó
在短短的几年间，古生物学家在中国
fā xiàn le chéng bǎi shàng qiān jiàn kǒng zǐ niǎo de huà shí biāo běn
发现了成百上千件孔子鸟的化石标本。
zhè zhǒng dà liàng gè tǐ de jí zhōng bǎo cún yì fāng miàn yǔ
这种大量个体的集中保存，一方面与
kǒng zǐ niǎo jí qún sǐ wáng yǒu guān lìng yì fāng miàn kě
孔子鸟集群死亡有关；另一方面，可
néng hái biǎo míng kǒng zǐ niǎo jù yǒu jí qún shēng huó
能还表明孔子鸟具有集群生活
de tè diǎn
的特点。

古兽小档案

Behemoths Archives

- **家　族:** 鸟类
- **时　代:** 白垩纪早期
- **身　长:** 0.3米
- **发现地:** 中国

kǒng zǐ niǎo de fēn lèi

孔子鸟的分类

kǒng zǐ niǎo bāo kuò liǎng lèi, yí lèi shì shèng xián kǒng zǐ niǎo, lìng yí lèi shì dù shì
孔子鸟包括两类，一类是圣贤孔子鸟，另一类是杜氏
kǒng zǐ niǎo. qí zhōng, shèng xián kǒng zǐ niǎo yóu qí yǐn rén zhù mù. tā de tóu dǐng zhǎng
孔子鸟。其中，圣贤孔子鸟尤其引人注目。它的头顶长
yǒu yán sè xiān yàn de guān yǔ, qián zhī yǐ jīng yǔ huà chéng le chì bǎng, dàn chì bǎng liǎng cè
有颜色鲜艳的冠羽，前肢已经羽化成了翅膀，但翅膀两侧
dōu hái bǎo liú zhe jiān ruì de zhuǎ zi.
都还保留着尖锐的爪子。

鸭嘴兽

奇怪的面具侠

yā zuǐ shòu zhǎng xiàng qí tè jiù xiàng shì dài zhe yì zhāng guài yì de yā
鸭嘴兽长相奇特，就像是戴着一张怪异的鸭
zuǐ miàn jù tā shì yì zhǒng gǔ lǎo ér zhēn xī de bǔ rǔ dòng wù zuì zǎo de
嘴面具。它是一种古老而珍稀的哺乳动物，最早的
yā zuǐ shòu shēng huó zài bái è jì zhōng qī hé xiàn zài de yì zhī māo chà bu duō
鸭嘴兽生活在白垩纪中期，和现在的一只猫差不多
dà bú guò zài zhōng shēng dài shí qī zhè zhǒng hún shēn zhǎng zhe nóng mì ér
大。不过，在中生代时期，这种浑身长着浓密而
guāng huá pí máo de dòng wù què shì dāng shí tǐ xíng zuì dà de bǔ rǔ dòng wù zhī yī
光滑皮毛的动物却是当时体形最大的哺乳动物之一。

shēng dàn de bǔ rǔ lèi
生蛋的哺乳类

zhòng suǒ zhōu zhī bǔ rǔ lèi dòng wù duō shì tāi shēng de kě yā zuǐ shòu piān piān shì gè
众所周知，哺乳类动物多是胎生的，可鸭嘴兽偏偏是个
lì wài tā huì zài shuǐ biān wā hǎo hé shì de dòng zuò wéi zì jǐ de chǎn fáng rán hòu jiù zài lǐ miàn
例外。它会在水边挖好合适的洞作为自己的产房，然后就在里面
shēng dàn fū dàn zài fū dàn qī jiān yā zuǐ shòu mā ma yì diǎn yě bú xiè dài wú lùn bái tiān
生蛋、孵蛋。在孵蛋期间，鸭嘴兽妈妈一点也不懈怠，无论白天
hēi yè dōu huì rèn rèn zhēn zhēn de fú zài tā de dàn shang
黑夜，都会认认真真地伏在它的蛋上。

古兽小档案
Behemoths Archives

- **家　族：** 哺乳类
- **时　代：** 白垩纪中期至今
- **身　长：** 0.4～0.5米
- **发现地：** 澳大利亚

海王龙

海洋中的顶级掠夺者

hǎi wáng lóng shì cāng lóng lèi zhōng de yì yuán zhǎng de jì xiàng jīng yòu xiàng
海王龙是沧龙类中的一员，长得既像鲸又像
xī yì yǔ lù dì shang de jù xī lèi dòng wù yǒu zhe hěn jìn de qīn yuán guān
蜥蜴，与陆地上的巨蜥类动物有着很近的亲缘关
xì hǎi wáng lóng zài dāng shí de hǎi yù li héng chōng zhí zhuàng kě wèi suǒ xiàng
系。海王龙在当时的海域里横冲直撞，可谓所向
pī mǐ shì dāng shí hǎi yáng zhōng de dǐng jí lüè duó zhě
披靡，是当时海洋中的顶级掠夺者。

适合游泳的身体结构

为了适应海洋里的生活，海王龙的四肢演变成了四个又宽又大的鳍，游起泳来简直快极了。此外，海王龙还长了一条约占身体一半长的尾巴。如果海王龙想游得再快些，这条尾巴立马就会变成一个“推进器”，推动海王龙向目的地进发。

líng mǐn de xiù jué

灵敏的嗅觉

xǔ duō gǔ shēng wù xué jiā yán jiū rèn wéi hǎi wáng lóng
许多古生物学家研究认为，海王龙
de dà zuǐ li yǒu xǔ duō shén jīng mò shāo shǐ tā zài shuǐ zhōng yě
的大嘴里有许多神经末梢，使它在水中也
néng qīng yì de wén dào liè wù sàn fā chu lai de qì xī yí dàn yǒu
能轻易地闻到猎物散发出来的气息。一旦有
liè wù bèi hǎi wáng lóng dīng shàng tā jiù zài yě duǒ bù kāi hǎi
猎物被海王龙盯上，它就再也躲不开海
wáng lóng de zhuī shā le
王龙的追杀了。

shǒu zú xiāng cán
手足相残

zài dāng shí de hǎi yù li　hǎi wáng lóng shǎo yǒu dí shǒu　yīn cǐ　tā men zuì dà de dí rén
在当时的海域里，海王龙少有敌手，因此，它们最大的敌人
jiù shì tā men zì jǐ le　hǎi wáng lóng jí wéi zhòng shì zì jǐ de lǐng dì　wèi cǐ　tā men huì guǒ
就是它们自己了。海王龙极为重视自己的领地，为此，它们会果
duàn de xiàng zì jǐ de xiōng dì jiě mèi fā qǐ tiǎo zhàn　zài dà hǎi shēn chù shàng yǎn yí mù mù shǒu
断地向自己的兄弟姐妹发起挑战，在大海深处上演一幕幕手
zú xiāng cán de bēi jù
足相残的悲剧。

古兽小档案
Behemoths Archives

- **家　族:** 沧龙类
- **时　代:** 白垩纪晚期
- **身　长:** 15～17米
- **发现地:** 美国

黄昏鸟

海面游荡者

huáng hūn niǎo tǐ xíng páng dà shì yì zhǒng hǎi qī ròu shí cháng jǐng hǎi niǎo
黄昏鸟体形庞大，是一种海栖肉食长颈海鸟。
tā shì zài gèng zǎo qī de fēi xíng dòng wù de jī chǔ shang jìn huà ér lái de zhī hòu
它是在更早期的飞行动物的基础上进化而来的，之后
jīng guò bú duàn yǎn biàn cái chéng wéi yóu yǒng jiàn jiàng yǐ jí bǔ yú néng shǒu gǔ
经过不断演变，才成为游泳健将以及捕鱼能手。古
shēng wù xué jiā tuī cè huáng hūn niǎo xǐ huan qún jū zài wēn dài dì qū de hǎi yù
生物学家推测，黄昏鸟喜欢群居在温带地区的海域、
hǎi dǎo huò jìn hǎi dì qū qiě dà bù fen shí jiān dōu zài shuǐ shang dù guò
海岛或近海地区，且大部分时间都在水上度过。

huáng hūn niǎo de wài xíng
黄昏鸟的外形

huáng hūn niǎo de tǐ cháng kě dá mǐ zhàn lì qi lai gāo dá mǐ tā de shēn shang
黄昏鸟的体长可达2米，站立起来高达1米。它的身上
fù gài zhe yǔ máo yǒu zhe cháng cháng de huì qí shàng xià hé gǔ de āo cáo zhōng zhǎng
覆盖着羽毛，有着长长的喙，其上、下颌骨的凹槽中长
yǒu xǔ duō xiǎo ér jiān lì de yá chǐ dàn kǒu de qián duān méi yǒu yá chǐ yóu jiǎo zhì huì xíng
有许多小而尖利的牙齿，但口的前端没有牙齿，由角质喙形
chéng huáng hūn niǎo de chì bǎng jī hū yǐ jīng wán quán tuì huà le dàn hòu zhī hěn qiáng jiàn
成。黄昏鸟的翅膀几乎已经完全退化了，但后肢很强健。

古兽小档案
Behemoths Archives

- **家　族:** 鸟类
- **时　代:** 白垩纪晚期
- **身　长:** 2米
- **发现地:** 美国

巨齿鲨

海洋生物终结者

巨齿鲨就是长着巨大牙齿的鲨鱼，它是现代大白鲨的近亲，但要比大白鲨大得多。据古生物学家推测，一条巨齿鲨的体重能达到近百吨，它张开大嘴时，甚至能将一个直立站着的成年人轻松吞下。因此，巨齿鲨堪称有史以来体形最大、最可怕的掠食者了。

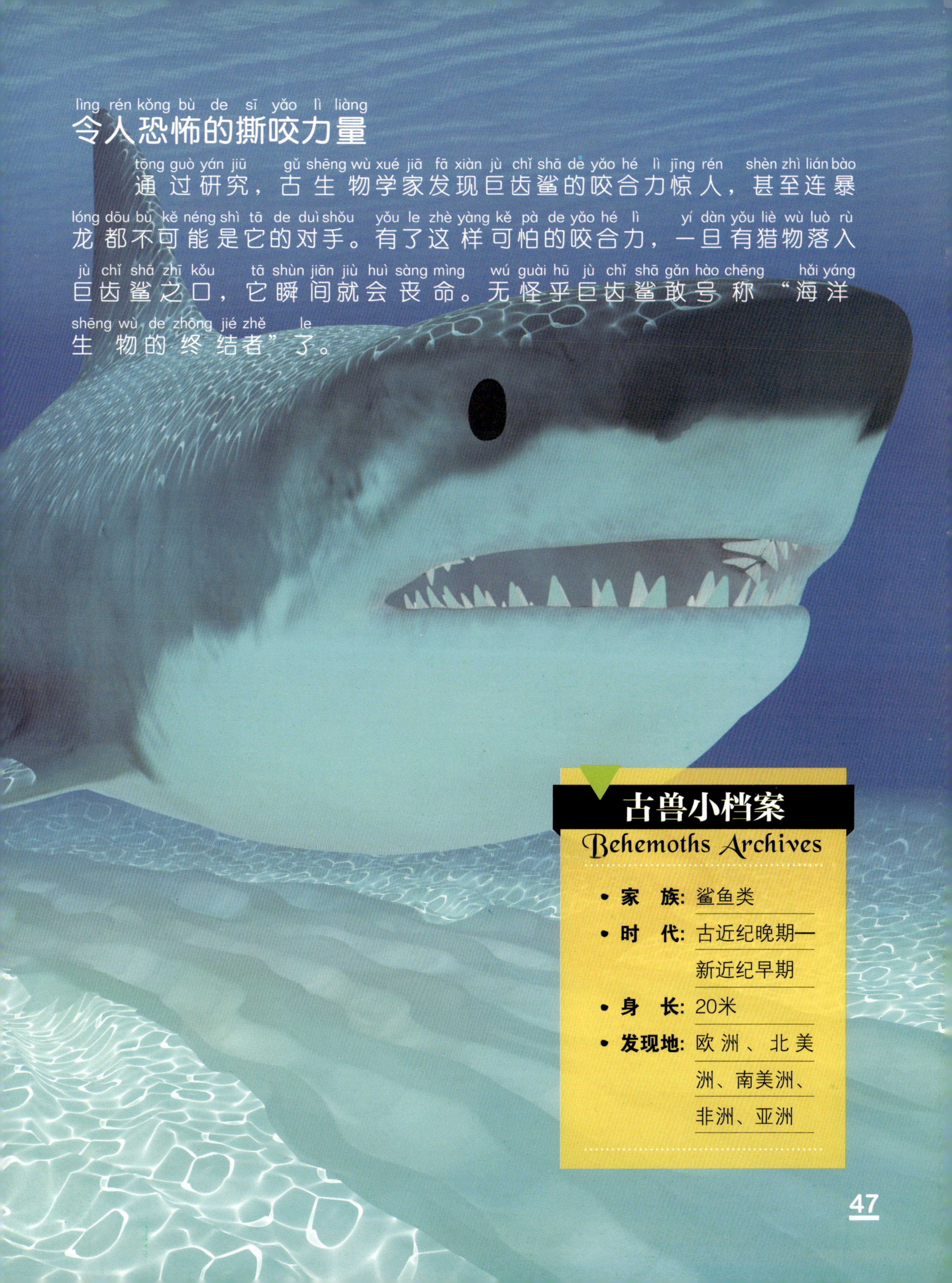

令人恐怖的撕咬力量

通过研究，古生物学家发现巨齿鲨的咬合力惊人，甚至连暴龙都不可能是它的对手。有了这样可怕的咬合力，一旦有猎物落入巨齿鲨之口，它瞬间就会丧命。无怪乎巨齿鲨敢号称“海洋生物的终结者”了。

古兽小档案

Behemoths Archives

- **家　族:** 鲨鱼类
- **时　代:** 古近纪晚期—新近纪早期
- **身　长:** 20米
- **发现地:** 欧洲、北美洲、南美洲、非洲、亚洲

泰坦鸟

不会飞的巨鸟

tài tǎn niǎo shì tǐ xíng páng dà de ròu shí xìng niǎo lèi duō qī xī zài cǎo
泰坦鸟是体形庞大的肉食性鸟类，多栖息在草
yuán dì dài píng jiè zhe gāo gāo de cǎo cóng de yǎn hù tā men zài yǔ nán měi tǔ
原地带，凭借着高高的草丛的掩护，它们在与南美土
zhù yǒu dài lèi shí ròu dòng wù de zhēng dòu zhōng shǐ zhōng bú luò xià fēng bìng
著——有袋类食肉动物的争斗中始终不落下风，并
yǔ běi měi zhōu māo kē měng shòu jìn xíng le cháng shí jiān de shēng cún jìng zhēng
与北美洲猫科猛兽进行了长时间的生存竞争。

古兽小档案

Behemoths Archives

- **家　族:** 鸟类
- **时　代:** 新近纪
- **身　长:** 2米
- **发现地:** 北美洲、南美洲

泰坦鸟的生活形态

泰坦鸟的前肢已然退化，只留下很小的翅膀，因此，它没办法飞翔。不过，泰坦鸟身手敏捷，十分善于奔跑。而且，泰坦鸟伸展的双臂上还长有两根令人望之生畏的指爪，与它同时期的三趾马即使跑得再快也难逃它的追杀。

真猛犸

冰川时代的大象

zhēn měng mǎ yòu bèi chēng wéi cháng máo xiàng zhǔ
真猛犸又被称为长毛象，主
yào shēng huó zài bīng qī de cǎo yuán shang tā yí biǎo
要生活在冰期的草原上。它仪表
wēi yán yǔ yà zhōu xiàng yǒu zhe fēi cháng jìn de
威严，与亚洲象有着非常近的
xuè yuán guān xì zhí dào nián qián cái
血缘关系，直到3700年前才
zài dì qiú shang miè jué
在地球上灭绝。

古兽小档案

Behemoths Archives

- **家　族：** 哺乳类
- **时　代：** 新近纪
- **身　长：** 5米
- **发现地：** 北美洲、欧洲、亚洲、非洲

bú pà lěng

不怕冷

zhēn měng mǎ zhǎng yǒu hòu shi de yuán dǐng lú gǔ bú guò tā de lú gǔ bǐ qí tā yǐ jīng miè
真猛犸长有厚实的圆顶颅骨，不过它的颅骨比其他已经灭
jué de xiàng lèi yào xiǎo yì xiē tā hái zhǎng yǒu páng dà ér wān qū de cháng yá kàn qi lai pō yǒu
绝的象类要小一些。它还长有庞大而弯曲的长牙，看起来颇有
wēi yán zhēn měng mǎ tǐ biǎo fù yǒu cū máo cū máo xià hái yǒu céng mì mì
威严。真猛犸体表覆有粗毛，粗毛下还有层密密
de róng máo kě yǐ hěn hǎo de bǎo chí tǐ wēn duì kàng hán lěng de qì
的绒毛，可以很好地保持体温，对抗寒冷的气
hòu tóng shí wèi le yìng duì hán lěng de qì hòu
候。同时，为了应对寒冷的气候，
tā de wěi ba biàn de hěn duǎn yīn
它的尾巴变得很短，因
cǐ bù róng yì bèi
此不容易被
dòng shāng
冻伤。

创世卓越 品质图书
TRUST JOY,QUALITY BOOKS

图书在版编目（CIP）数据

远古巨兽／龚勋主编．—汕头：汕头大学出版社，2018.5（2019.8重印）
（恐龙星球大揭秘）
ISBN 978-7-5658-3089-1

Ⅰ．①远… Ⅱ．①龚… Ⅲ．①恐龙—儿童读物 Ⅳ．①Q915.864-49

中国版本图书馆CIP数据核字(2017)第057156号

恐龙星球大揭秘 II
DINOSAUR SECRETS

远古巨兽

YUANGU JUSHOU

总策划	邢涛
主编	龚勋
责任编辑	宋倩倩
责任技编	黄东生
设计制作	北京创世卓越文化有限公司
出版发行	汕头大学出版社 广东省汕头市大学路243号 汕头大学校园内
邮政编码	515063
电话	0754-82904613
印刷	北京彩虹伟业印刷有限公司
开本	787mm × 1092mm 1/16
印张	3.5
字数	50千字
版次	2018年5月第1版
印次	2019年8月第2次印刷
定价	16.80元
书号	ISBN 978-7-5658-3089-1